海洋巡逻队

幸福猫儿童文学工作室 著

上

山东美术出版社

探长——尼莫，一只帅气十足的海豚。它全身浅灰色，身体呈流线型，嘴巴尖尖的，眼睛较小，但十分敏锐。它聪明睿智，本领超群，不过偶尔也会犯糊涂。此外，它还懂得人类的一些语言哩。

性格特点：尼莫探长的样子温顺可亲，平易近人，十分擅长与各类动物打交道。而且，它常常有出人意料的点子，断案能力非常强，因此很受海洋居民的尊重。

助手——阿笠，一只长相奇特的飞鱼。它的胸鳍特别发达，就像鸟类的翅膀一样，整个身体像织布的"长梭"，因此行动速度非常快。

性格特点：阿笠的观察力很强，而且，它做事热心，反应灵敏，是尼莫探长最得力的助手。不过，它的缺点就是容易冲动，有时候行事莽撞。但同样受海洋居民的喜爱。

目录

上

大眼睛侦探

1. 侦探思路

● 仔细想一想，小乌贼施放的黑色墨汁是从哪里喷出来的？

● 尼莫探长说，只有小乌贼东东才懂得"这种本领"，那么"这种本领"指的是什么呢？

2. 罪犯曝光台

海水突然变黑的事情，的确与小乌贼东东有关。当时，东东很生气，因为妮妮和月月躲着它，不愿意跟它玩。它就故意把体内墨囊的墨汁喷出来，将周围的海水染黑，想吓唬吓唬妮妮和月月。没想到，妮妮和月月的视线受到干扰，差点被大鱼吃掉。显然，小乌贼东东的报复行为很不可取，因为它的特殊本领只应该在逃生的时候使用。

大百科·小·看台

1. 明星 T 台秀

　　乌贼又名墨鱼，它的脑袋圆圆的，两侧有一对发达的眼睛，而在眼的后下方有一椭圆形的小窝，那是它的化学感受器，也被称为嗅觉腺。在它的嘴巴四周，长着 10 条腿，其中两条特别长，末端还有吸盘，使它能够吸附任何物体。此外，它还擅长游泳，可以喷水快速前进。当它以最大的速度游动时，简直看不清它的动作，所以被戏称为"海洋中的火箭"。

2. 隐私大爆料

水中变色能手

　　在乌贼体内，聚集着数百万个红、蓝、黄、黑等色素细胞，呈扁平状。细胞膜富有弹性，周围有放射状的肌纤维。肌纤维可以收缩，使色素细胞扩大呈星状，肌纤维舒张，色素细胞则恢复原状。此外，色素细胞能够在一两秒之内做出反应，通过调整体内色素囊的大小来改变自身的颜色，从而改变皮肤颜色的深浅。

卖珍珠粉的小贩

这天早上，剑鱼晶晶和比目鱼娟娟去海底乐园玩。经过一片珊瑚礁的时候，看到一个陌生的动物在那里大声吆喝，面前摆着一堆东西。晶晶和娟娟感到好奇，就凑过去看个究竟。

"大家快来这里瞧一瞧，看一看。这里有上好的珍珠粉，便宜实惠，有保健养颜的作用。"那个陌生动物喊道。

晶晶见它外形与虾相似，就走上去问道："'虾'哥哥，你说的这珍珠粉真的有那么神奇的功能吗？"

"当然了，这还有假。你可以买一袋回去试试，绝对有效果。"那动物怂恿道。

这时，又有几条神仙鱼凑了过来。卖珍珠粉的小贩见状，忙不迭地介绍道："各位爱美的女士，请听我说，这些珍珠粉都是我精心制作而成的。它们既能美容，还能补充钙质，长期服用还可以延缓衰老哩。"

那几个神仙鱼听卖粉的家伙说得天花乱坠，不由动了心，纷纷买了一袋。晶晶和娟娟也跟着买了两袋。随后，它们两个喜滋滋地离开了。

不久后，海星珊珊也从这里经过。它听到卖粉小贩的吆喝声，便走了过去。

珊珊见对方的尾巴长长的，卷缠在海藻上，脑袋像陆地上的马，于是打招呼道："你好啊，'马'大哥，看起来你的生意不错嘛。"

"嗯，是不错。怎么样，你也买一袋用用吧？"小贩赶紧推销自己的产品。

"那你能不能先打开一袋让我看看呢？"珊珊问道。

"不行，袋子打开了就不好卖了。"

"可是，我得先检查检查货的质量吧。"

"去，去，一边去，不买就快点走，别在这里捣乱。"小贩不耐烦地说。

珊珊见状，只好离开了。晚上，珊珊去找晶晶玩，却发现它躺在床上，痛苦地呻吟着，额头上冒出豆大的汗粒。

"怎么啦，晶晶，哪里不舒服啊。"珊珊着急地问。

"我，我肚子疼。"晶晶有气无力地回答。

"我带你去找医生吧。"说着，珊珊拖着晶晶，游向清洁鱼文医生开的诊所。

到了诊所，它们看到竟然有好多鱼儿在那里等待诊疗，比目鱼娟娟也排在队伍中。而且，它们患病的症状和晶晶的一样，都是肚子疼。

　　后来，经清洁鱼文医生诊断，晶晶和其他鱼儿都是吃了早上买的珍珠粉，吃坏了肚子。

　　"哼，那个小贩一定是个骗子，用假货来欺骗大家。难怪我让它打开一袋检查下，它就生气地把我赶走了。"珊珊气哄哄地说。

　　随后，珊珊就去警局报了警。尼莫探长得知此事，连夜赶到海洋诊所，向受害的鱼儿们调查情况。

　　"那个小贩长得什么样子？"

　　"它的身子弯弯的，像一只虾。"晶晶回答说。

　　娟娟用力地点点头，说："它是一只变异的虾，鼻子是尖尖的管型，眼睛鼓鼓的，我以前从来没见过这种虾。"

　　"不对，我说它更像马才对。"珊珊说，"它的脑袋和陆地上的马很像。对了，它的尾巴很长，可以把身体攀在海藻上，荡来荡去。"

　　"我看是虾！"

　　"我看是马！"

　　鱼儿们七嘴八舌地争论起来。

　　"别吵了，都静一静。依我看，它不是虾，也不是马，而是一种鱼。"尼莫探长说。

　　"鱼？"大伙都莫名地看着探长。

　　"对，是鱼。确切地说，它叫海马。"尼莫探长说。

　　第二天，狡猾的海马在逃往另一片海域，准备继续卖假粉时，被尼莫探长和阿笠抓住，投进了海洋监狱。

2. 罪犯曝光台

原来，小贩确实是海马。由于海马的身体具有马、虾、象三种动物的特征，容易被人认错。其实，它只是鱼类的一种。黑心的海马用贝壳粉和滑石粉做成一种假珍珠粉，卖给鱼儿们，以牟取暴利。结果害得晶晶它们都肚子疼。幸好海星珊珊反应快，及时向警局报了案，大骗子才得以落网。

大眼睛侦探

1. 侦探思路

● 晶晶和娟娟为什么会肚子疼呢？

● 尼莫探长是依据什么分析出海马的真实身份的？

大百科·小·看台

1. 明星 T 台秀

最不像鱼的鱼类

海马虽然是鱼类，但外形与一般鱼类的外形差异很大。它的头部大而弯曲，形状酷似马头，头部与身体近直角，身子呈圆柱状，在末端逐渐变细，变成又细又长的尾巴，能卷曲。此外，它有皇冠式的角棱，嘴呈尖尖的管型，口不能张合，只能吸食水中的小动物。

2. 隐私大爆料

会生宝宝的爸爸

在海马家族中，负责孕育小宝宝的是雄性海马。在雄海马的腹面有一个类似袋鼠妈妈的育儿袋，主要是用来携带受精卵。每年谷雨过后，雌海马就会将成熟的卵产在雄鱼尾部的育儿袋内，与此同时，海马爸爸也会排出精子，使卵子在育儿袋中受精。到了分娩的时候，雄海马不停扭曲身体，将仔鱼从育儿袋唯一的开口放出。

奇特的眼睛

海马的眼睛十分特别，可以分别向上下、左右或者前后方向转动。因而，眼睛转动的时候，它根本就不需转动身体就可以向各方观看。有时候，海马还会一只眼睛向前看，一只眼睛向后看。怎么样，是不是很厉害呢？要知道，在动物界，除了蜻蜓和变色龙以外，就只有它才做到这一点。

鱼医生去了哪儿？

"唉哟，唉哟！"尼莫探长捂着嘴巴走近了办公室。

"探长，您这是怎么了？"它的助手阿笠急忙上前问道。

"我的牙……唉哟，好痛！"尼莫探长疼得几乎说不出话来。

阿笠连忙挽着尼莫探长，向珊瑚礁和突兀岩之间的海洋诊所游去。

"医生，医生，"阿笠冲着诊所内焦急地喊道，"快来看看尼莫探长，它病了！"

带着口罩的清洁鱼文医生，听到喊声匆匆赶过来，帮忙挽着尼莫探长坐下，然后挥挥手，示意阿笠站到一边去。

"啊！"文医生让尼莫探长张开嘴。尼莫探长便乖乖地张开嘴，任由文医生摆布。

在这处诊所，不管是海洋恶霸鲨鱼，还是普普通通的小鱼，来到这里都很有礼貌，大家相处得非常好，而且，它们都很尊敬清洁鱼文医生，从不与它发生顶撞。

身长只有约50毫米的文医生，穿梭在尼莫探长的大嘴巴里，显得十分忙碌。不消十分钟左右，尼莫探长就觉得疼痛消失了。它正准备向文医生道谢时，却忽然察觉哪里不对劲。出于职业惯性，它开始观察起身边的事物。

尼莫探长算是诊所里的熟客了，它没事儿的时候，总喜欢来这里和大家聊天，因为海洋里的诊所就相当于人类的茶馆，是接触各种海洋生物的地方，也是能够听到全面新消息的地方。而对于清洁鱼文医生，尼莫探长自然也是相当了解的。可是，眼前的这位清洁鱼医生却看上去有些陌生。的确，就连不经常来这里的顾客，也能一眼看出这位医生的身材明显比文医生矮小。

"你是……新来的医生吗？"尼莫探长疑惑地问道。

"哈哈，大探长是在说玩笑话吗？"清洁鱼医生大笑起来："我一直都在这里啊。你怎么会这样问呢？"

尼莫探长的眼睛紧紧盯着清洁鱼医生。"对方的眼神那么镇定，似乎不像是骗人的样子，难道是我太疑神疑鬼了？"它心想。不对，一定有什么不对劲的对方，于是，尼莫探长朝阿笠使了个眼色。阿笠立即明白了它的意思，然后装作有事的样子离开了诊所。

"文医生，今天怎么不见你的妻子呢？"尼莫探长问道。平时，文医生的妻子总是在诊所里忙前忙后，细心照料丈夫的生活，看上去十分贤惠。

"它有事出远门了。"文医生回答道。

尼莫探长不再说话，只是坐在一旁的长椅上，装出很悠闲的样子。没多久，阿笠匆匆走进来，附在尼莫探长的耳边小声说道："后院发现了一具尸体，已经确定是文医生的了。"

尼莫探长大喝一声，命令阿笠迅速将嫌疑犯拿下。于是，那名假扮文医生的嫌犯被结结实实地绑起来，带回了警局。那名清洁鱼连连喊冤，声称自己并不是什么杀人凶犯。

"你撒谎，我们已经找到了文医生的尸体。快说，你为什么要杀了文医生，还假扮它来骗人。"阿笠气愤的说。

"我怎么可能杀文医生呢，我是它的妻子！"那名清洁鱼理直气壮地说道。

"胡说，你明明就是个雄性清洁鱼，怎么会是文医生的妻子呢？"尼莫探长非常不理解。

清洁鱼无奈地将事情的真相解释给尼莫探长，尼莫探长听完，面红耳赤地走到它身边，替它打开了手铐，并连声道歉。

小朋友，你知道为什么那名雄性清洁鱼坚持说自己是文医生的妻子吗？

大眼睛侦探

1. 侦探思路

● 尼莫探长为什么怀疑清洁鱼医生？

● 你知道关于清洁鱼的秘密吗？

2. 罪犯曝光台

尼莫探长认出替自己治病的医生是假扮的，便派助手调查真相。找到尸体后，它们立即确定替它治病的那位医生是头号嫌疑犯。但真相确如那条雄性清洁鱼所言，它是文医生的妻子，因为清洁鱼是一种雌雄同体动物，在雄鱼死后不久，雌鱼就会自动长出雄性生殖器而变成一条真正的雄鱼。因此，在文医生自然死亡后，它替代了丈夫的位置，继续为海洋居民们服务。

大百科小·看台

1. 明星 T 台秀

　　清洁鱼生活在澳洲东部的珊瑚礁海域中，它们的身长不过 50 毫米，专门用头前边针状的嘴为各种各样的鱼治病。尤其是霓虹刺鳍鱼，总是有求必应，一天之内，它会用尖尖的长嘴为 300 多个"患者"解除病痛。不过，它们之所以会给长细菌、寄生虫和生腐烂肉等的鱼"治疗"，并非是因为它们懂"医术"，而是因为可以从"患者"的身上找到细菌、寄生虫和烂肉作为食物，以维持自己的生存。久而久之，就形成了这种共生现象。

2. 隐私大爆料

拥有"妻妾成群"的清洁鱼

　　一条清洁雄鱼拥有多条伴侣，伴侣们也绝不会团结起来反抗一家之主的丈夫。因此，在海洋里时常会看到一条雄鱼的后面跟着二到五条的雌鱼，它们排成一个长队，先后次序也严格按照等级排列的。雄鱼死后，地位最高的那条雌鱼就成为了这群鱼的首领，不出几天，它的身上就会自动长出雄性生殖器，成为一条真正的雄鱼，剩下的雌鱼们自然而然就成为它的妻妾啦。

谁是真正的罪犯

最近，海洋中的居民们日子都不太好过，不知道怎么搞的，海水变得油乎乎的，大家都觉得呼吸不畅，连吃饭都没了胃口。

海龟杰里唉声叹气："唉，我看是世界末日要到啦！"

金枪鱼坤坤喊："杰里你不要妖言惑众，大家都过得好好的，什么世界末日啊。"

"可是，杰里说的也有道理啊。"水母莉莉也愁眉苦脸地说，"以前的海水多蓝，多清澈啊，可是，你看现在……"

"对啊，对啊。"海兔瑞瑞点头同意，"听说，有好几只小海豹都被这不知道什么来历的污染物害死了呢。"

"真的？"大家都惊呼起来。

"真的啊。听说尼莫探长正在追查海水发生变化的原因呢。"海兔瑞瑞神秘兮兮地说。

他们正说着，尼莫探长带着助手阿笠游了过来。助手阿笠热情地和大家打着招呼："嘿，各位居民朋友，大家好。"

"你们好啊。"大家都回应着打招呼。

"探长，您是在追查海水变质的原因吗？"海龟杰里着急地问。

"是啊，各位有什么发现吗？"尼莫探长问。

"我，我只知道大概是三天前海水开始变得油乎乎的。"海龟杰里回答说。

"是的。"尼莫探长拍拍手中的调查档案说，"我已经调查过了，只有这一带的海水变得油乎乎的。海龟博士经过化验，发现是石油。"

"石油？"水母莉莉吃惊得嘴巴都变形了，"我们这里怎么会出现石油呢？只有人类才需要它们。"

"根据我判断，有可能是人类的油轮在附近这一带漏油了，所以才造成海水被石油污染。"尼莫探长说，"不过，油是人类故意漏的，还是我们海洋中的某些分子做的，目前还不能判断。"

"哼，一定是我们海洋中的不法分子做的！"探长的助手阿笠气愤地说，"人类才不会把石油浪费到海水里呢。他们巴不得多开发些石油。"

"阿笠说的有道理。"尼莫探长点头说，"所以，我想请大家回忆一下，三天前在这附近是否有油轮经过，有没有发生过什么特殊的事情。"

"油轮？"鲫鱼皮皮说，"有啊。我表弟阿奇就乘坐这艘油轮旅游去了。"

"很好。"尼莫探长登记了一下，接着问，"还有没有什么情况。"

"哦，那艘油轮速度很快，吓了我一跳。"飞鱼漠漠说，"是的，吓了我一跳。我跳起来的时候，好像看到一面旗子冲向油轮。"

"旗子，什么样的旗子？"阿笨赶紧追问。

"那面旗子很特别，好像还弯弯的，有点像月鱼似的东西。"飞鱼漠漠努力回忆说。

"旗子、似月鱼？哦，原来真正的罪犯是它！"尼莫探长点点头说，"我想这件事情要去问问旗鱼思思了。"

"为什么啊？"海龟杰里它们异口同声追问。

小朋友，你知道尼莫探长为什么要找旗鱼思思吗？

15

SHIP

大眼睛侦探

1. 侦探思路

● 仔细想一想，旗鱼思思有什么特征？

● 有哪些鱼类敢于冲撞人类的大船？

2. 罪犯曝光台

旗鱼身上的第一背鳍长得又长又高，竖展的时候如同一面张开的旗帜，此外它的身体形状似月鱼。除了这些身体特征符合飞鱼漠漠的表述外，旗鱼性情凶猛，还有攻击性非常强的表现，它尖长的喙状物非常坚硬，这个骨质利剑可以刺穿油轮的钢板，从而可以使油轮上的油泄漏到海水里。

大百科·小·看台

背大旗的凶猛鱼

旗鱼身体呈圆筒形，侧面稍扁。吻部尖长，呈现枪状。头部和身体背侧是青蓝色的，腹部则为银白色。尾鳍的分叉比较深。最明显的特征是它的第一背鳍，又长又高，竖展的时候如一面张开的旗帜。

隐私大爆料

名副其实的游泳冠军

旗鱼是动物中的游泳冠军，平均时速可达 90 千米，短距离的时速约 110 千米。旗鱼游泳的时候，放下背鳍，以减少阻力；长剑般的吻突，将水很快向两旁分开；不断摆动尾柄尾鳍，仿佛船上的推进器那样。加上它的流线型身躯发达的肌肉，摆动的力量很大，于是就像离弦的箭那样飞速地前进了。

寄居蟹的谎言

"尼莫探长，不好了，不好了！"阿笠风风火火地跑进来。

"发生什么事情了？大呼小叫的！"尼莫探长皱着眉头问道。

"海边……海边有动物在打架！"阿笠气喘吁吁地说。

"走，我们看看去！"一听到有闹事的情况，尼莫探长立即赶往现场。

当它们赶到海边的时候，那里早已经围着许多海洋居民了。喜欢管闲事的螃蟹雅克正穿梭在其中，忙活个不停，一看到尼莫探长露面，就赶紧上前搭讪："尼莫探长，你总算来了！"

"这里究竟发生了什么事情？"尼莫探长问道。

"寄居蟹科特和海螺们打起来了，"雅克手舞足蹈地形容起来，"哇，科特的大螯好厉害，不过，比我的就逊多了。海螺们也不示弱，它们数量多，所以双方势均力敌。"

尼莫探长皱了皱眉头，拨开看热闹的群众，走了过去。

海螺们一看见尼莫探长出现，就立即放开科特，围了过来。

一只叫布丁的海螺哭诉道："尼莫探长，你可要替我们做主啊！这只该死的寄居蟹杀死了我的姐姐，还强占了她的房子！"

"你胡说，我怎么会害死你姐姐呢！我从来没见过它，更和它无仇，干嘛要杀死它呀！何况这个螺壳又破又小，我根本就进不去，要它有什么用啊！"科特立即为自己申辩。

海螺们听了它的话，又气得冲上去想打它，最后被阿笠劝开了。

"你还我姐姐的命，还有我姐姐的房子！"布丁哭得更伤心了。

"小子，没有证据，就不要乱说！"科特得意地说。它的小眼睛不停地滴溜溜转着，一看就知道它很狡猾。

尼莫探长灵机一动，想出了让寄居蟹自投罗网的办法。只见它漫不经心地对海螺们说道："科特先生说的很对，判案需要证据。这样吧，我们先去调查一下死者的遗物，然后带你们回警局做个笔录，再做打算吧！"

"那得多长时间呀？您不能这么不负责任啊！"海螺们顿时怨声载道。

"我也是按照程序来办。阿笠，先把海螺们带回警局录口供吧。"尼莫探长命令道。

"探长英明！"科特赞同地应和着。

尽管海螺们并不满意这种做法，但它们谁也不敢违背尼莫探长的意思，只好跟着阿笠离开了。接着，尼莫探长装出一副为难的样子，说道："哎呀，这螺壳里面太狭小了，谁能进去取出遗物呢？"

"我去吧！我去吧！为探长效劳，是我的荣幸。"科特讨好地说。

"那真是太感谢了！"尼莫探长笑着说。

于是，科特缩起身子，熟练地钻进了螺壳当中。

"哼，大胆罪犯，竟然撒谎骗我！"尼莫探长赶紧用泥巴封住壳口，将科特关起来。而后，大家合力将科特抬到了警察局。

19

大眼睛侦探

1. 侦探思路

● 海螺们为什么和寄居蟹科特打架？

● 尼莫探长是从什么地方判断出科特就是嫌疑犯的呢？

2. 罪犯曝光台

海螺布丁的姐姐死去了，它们怀疑这是寄居蟹科特干的坏事。表面上看来，科特没有作案动机，而且它也口口声声称自己进不去这个又破又小的壳。然而，尼莫探长一眼就看穿了它的把戏，于是设计让它自己主动钻进了螺壳，使谎言不攻自破，暴露了它的犯罪动机。

大百科·小·看台

1. 明星 T 台秀

寄居蟹一般生活在沙滩和海边的岩石缝隙中。它的身体较长，头部和胸部都有护甲，而且有两只长约 10 厘米的大螯。两螯的表面和边缘有许多刺状突起，步足上也有刺，平日里总以螺壳为寄体，喜欢负壳爬行，受到惊吓的时候，就会立即缩到螺壳内保护自己。

2. 隐私大爆料

抢夺房产的寄居蟹

寄居蟹是个名副其实的大恶魔，总是用野蛮手段抢夺海螺的房子，据为己有。每当它需要换房子的时候，就会凶狠地向海螺进攻，将对方弄死、撕碎。然后，它钻进去，然后用尾巴勾住螺壳的顶端，几条短腿撑住螺壳的内壁，长腿伸到壳的外面去爬行，并用大螯守住壳口。这样，它就搬进了一个新家。

谁偷走了海龟的宝石?

尼莫探长一早起来，刚走进办公室，就听见电话在"丁零零"作响。它走过去接起电话，听到海龟菲比焦急的声音："是尼莫探长吗？我的一颗蓝宝石不见了！你快来看看吧！"

放下电话，尼莫探长叫上了助手阿笠，便匆匆赶往菲比的家。

丢了东西的菲比正垂头丧气的坐在院子里，它见尼莫探长和阿笠来了，连忙上前把事情的经过诉说了一遍。

原来，上个月菲比去海滩上玩的时候，它的好朋友送给它一颗精美的蓝宝石。菲比非常喜欢，于是决定把宝石珍藏起来。它小心地将宝石放进一个绿色的方盒子里。可是，要把盒子放在哪里才安全呢？菲比在自己家里找了好久，都没有找到合适的地方。后来，它突然注意到了自家院子的绿色海藻。瞧，盒子的颜色不是和海藻一样吗，只要把它藏在海藻下面，肯定不会有谁发现的。

菲比不禁为自己的主意感到得意，于是，它把盒子藏在了院子里的海藻叶子下面。不过，它心里还是不踏实，所以每天早晨都要去那棵海藻下检查一下盒子，生怕自己的宝石被偷。

昨天早上，它检查的时候还好好的，可今天早上一看，盒子里竟然是空的。

"今天早上发现宝石不见了……"尼莫探长若有所思地说着，接着又问菲比："昨天看完宝石之后，你去了哪里？"

"我哪里都没去，一直在家里呆着！"菲比沮丧地说。

"那么，昨天有谁来过你家？"探长继续问。

"龙虾齐齐昨天来我家玩了。"菲比说，"不过，从它进门到出门，我都和它在一起。"

"这就奇怪了！"助手阿笠挠挠头，然后走到海藻跟前，仔细研究那棵绿色的海藻，希望能在这里发现什么蛛丝马迹。咦，奇怪，好多海藻的叶子怎么都剩下半片了。看来，这里一定有蹊跷。于是，阿笠连忙喊来尼莫探长说："探长，快看这个！"

尼莫探长蹲下身子仔细看了许久，海藻的叶子很明显有被咬过的痕迹。那么，会是谁吃了海藻叶子呢？尼莫探长转身问菲比："你再好好回忆下，之前在这棵海藻附近有没有发现什么异常情况？"

菲比皱起眉头想了很久，忽然说道："我想起来了，昨天送齐齐出门的时候，看见有两条又尖又长的东西在海藻里晃动。不过，它们跟海藻的颜色一模一样，我还以为是我家的海藻变形了呢。可是，等我送走龙虾回来再看的时候，那两只怪东西就不见了。"

探长思考了一会儿，然后站起身来，对菲比说："我们一起去海兔瑞瑞家找你的宝石！"

大眼睛侦探

1. 侦探思路

● 海龟一直在家，为什么在东西被偷走的时候却没有察觉到一丝异常？

● 海龟看见的两条又尖又长的东西到底是什么呢？

2. 罪犯曝光台

海兔喜欢在海藻丛生的地方活动，它以各种海藻为食。所以，海兔瑞瑞是在看见海龟家的海藻之后，忍不住跑过去吃的。吃海藻的过程中发现了海龟菲比的蓝宝石，于是就拿走了。海龟之所以一直都呆在家却没有发现这一点，是因为海兔有一项很特殊的本领，那就是它吃了什么颜色的海藻，它的身体就会变成什么颜色。也就是说，吃掉海龟家的绿色海藻之后，瑞瑞的身体就变成了绿色，这样一来，菲比自然就没有察觉到异常了。

大百科·小·看台

1. 明星 T 台秀

海兔能变色

海兔的名字里虽然有个"兔"字，但它可和兔子一点关系也没有，只是当它的两只耳朵竖起来的时候，外形很像兔子，因此才得名"海兔"。海兔其实是螺类的一种，又称海蛞蝓，是甲壳类软体动物家族中的一个特殊成员。喏，它的背面有透明的薄薄的壳皮，壳皮一般是白色，并泛着珍珠般的光泽。此外，海兔是一种雌雄同体的生物，平时就栖息在海底。

2. 隐私大爆料

怪异的癖好

海兔的胃口特别好，它们喜爱吃各种海藻。最令人觉得不可思议的是，只要吃了什么颜色的海藻，它们的身体就会变成什么颜色。比如说，吃了墨角藻的海兔身体就会变成棕绿色，吃了红色的海藻的海兔身体则会变成玫瑰红色！此外，有的海兔体表还有绒毛状和树枝状的突起，这使得海兔的体型、体色以及花纹与栖息环境中的海藻十分相近。再加上会变体色这项特殊本领，海兔就可以在海洋中高枕无忧了。

谁偷吃了午餐？

最近，海参妮妮迷恋上了烹饪，一有时间就呆在家里做菜，几天下来，它的厨艺大有进步。

这天，妮妮打算请珊瑚虫滴滴、小乌贼东东、龙虾齐齐和尼莫探长来家里做客，当然，它主要是想在它们面前展示一下自己的厨艺。

妮妮给朋友们挨个打完电话后，就开始准备材料，然后按照菜谱上的介绍，开始做饭了。忙活了一个早上，它终于做好了十几道可口的饭菜。可是，客人都还没有到。于是，妮妮将精心准备的饭菜摆放在院子里的一张大桌子上，然后进屋里去打电话催它们快点儿来。

妮妮刚拿起电话，就听见屋子外面有人喊："哇，好丰盛的午餐哦！"出门一看，原来是好朋友东东和齐齐来了！妮妮高兴地把它们迎进屋，请它们先坐下看电视，等滴滴和尼莫探长来了，再一起开饭。

而后，妮妮打电话给滴滴，滴滴说它正准备出门哩。接着，它又打电话给尼莫探长，探长说自己正在办案，一会儿就到了。

妮妮放下电话，正准备去招呼屋子里的两位客人，忽然听见了敲门声。开门一看，竟然是珊瑚虫滴滴，这让它大吃一惊，因为平日里就属滴滴的动作最慢。可是今天，才几分钟的功夫，滴滴就从几千米远的地方赶过来了，真是神速啊。

没等妮妮开口问，滴滴就告诉它："是金枪鱼坤坤送我来的。我出门的时候，正好碰上了坤坤，它说要去外婆家，正好和我顺路，所以就驮着我过来了。啧啧，它游得可快啦。"

原来是这么回事儿啊。现在，大家都到了，就差尼莫探长了。于是，它们在屋里一边看电视，一边等待。可是，过了好长时间，还是不见尼莫探长的影子，大家早饿得肚子咕咕叫了。

"不行，让我先吃几口垫垫肚子。"齐齐说着便跑了出去。可是，紧接着就听见它在屋外大喊："呀，桌子上的饭菜怎么不见了！"

妮妮它们赶忙出去查看，只见桌子上一片狼藉，饭菜被吃得一干二净。

"怎么会这样？是哪个家伙干的！"东东气呼呼地说。

正在这时，尼莫探长匆匆走进院子。

"不好意思，我来晚了，咦，这是怎么回事？"尼莫探长看见盘子里的菜都空了，"你们怎么不等我就把东西吃完了呢？"它有些生气。

"不是这样的，午餐不知道被谁给偷吃了……"妮妮委屈地说。

"什么？怎么会这样？"探长先是一阵惊讶，然后仔细看看那些空盘子说："看来，小偷的食量很大呀！"

"会是谁呢？"东东挠着头说，突然，它一拍脑袋说："刚才我看电视的时候，窗子外面黑了一下，然后我看见了一个月牙状的东西！可是瞬间就不见了。当时我也没在意……"

"这么说，那家伙的行动速度很快喽。呃，尾巴是月牙状的……"尼莫探长陷入了沉思。

"不可能是鲨鱼干得，不然盘子也会被吃掉的！"尼莫探长喃喃自语，"难道是金枪鱼干的？"

"哦，对了，是金枪鱼坤坤驮我过来的！"滴滴回答。

海豚探长思索了一会儿说："肯定是它干的！"

大眼睛侦探

1. 侦探思路

● 为什么金枪鱼会偷吃午餐？

● 探长为什么断定是金枪鱼偷吃了午餐呢？

2. 罪犯曝光台

金枪鱼的体型非常庞大，它的尾鳍是新月形的，它的肌肉也特别的发达，游动起来速度非常快，最高时速可达160公里，比陆地上跑得最快的动物还要快。不过，金枪鱼有一个奇怪的习惯，就是游泳的时候习惯把嘴巴大张着。此外，为了补充运动所消耗的能量，金枪鱼总是不停地进食。所以，在路过海参家的时候，它忍不住吃掉了摆在桌子上的午餐。

大百科·小·看台

1. 明星T台秀

金枪鱼的矛头

金枪鱼的身体粗壮而圆，呈流线型。肩部又有很大的鳞片组成的胸甲，皮下有发达的血管网。它还有一个显著的特征，即身体有金属般的蓝色光泽，尾巴呈月牙状，看上去像是古代兵器中的矛头。

2. 隐私大爆料

怪异的癖好

金枪鱼的习性十分有趣，它是海洋中游泳速度最快的动物之一，只有鲨鱼和大海豚才能与它匹敌。不过，它的腮肌已经退化了，因此必须通过不停的游动，使显现的水流经过腮部从而获取氧气。因此金枪鱼特别喜爱游泳，但一般不会停止，因为它一旦停止游泳，就会窒息死亡。为了补充不停地游动所消耗的能量，金枪鱼必须不断的进食，它的一餐可以吃掉相当于自身体重18%的食物。

真正的目击者

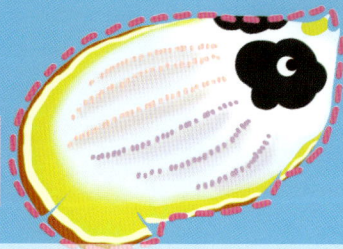

　　一天，小比目鱼洋洋过生日，水母莉莉、飞鱼漠漠、蝴蝶鱼嘟嘟和螳螂虾哈克跑来庆祝。五个小伙伴欢快地在水中游玩，不知不觉间，就由深海游向了浅海。正当它们玩得开心时，一条大海龟眯着眼睛游了过来。

　　"快跑，海龟！海龟！"胆小的哈克高声嚷了起来。

　　其他几个伙伴受了惊，慌慌张张地躲到珊瑚礁后面。可怜的哈克却吓得两腿发软，怎么也跑不动。不一会儿，海龟杰里就游到它身边，毫不费力地将它捉住。不过，海龟杰里没有张嘴咬，只是像捉迷藏一样，一次又一次逗着哈克玩。洋洋等几个伙伴见状，却不敢上前营救，只能躲在那里干着急。

　　"不用躲了，我早看见你们了！我在海里活了一百年了，什么鱼什么虾没吃过，早就吃腻了！"海龟杰里张大嘴巴，粗声粗气地说，"你们别怕！只要哄我开心了，我就从此再也不吃你们了，还会和你们做朋友。"

　　"骗人……"水母莉莉说。要知道，海龟可是水母的头号敌人。

　　"小东西，我一把年纪了，还会骗你们不成……"海龟的话没说完，不知哪里卷起一阵风浪，几个动物瞬间被冲散了。

　　螳螂虾哈克回过神来的时候，海水已经恢复了宁静，似乎什么也没发生过，眼前也不见莉莉它们四个的影子。哈克着急地呼喊伙伴们的名字，却只看到海龟杰里慢吞吞地从珊瑚礁中钻出来，然后悠然地离开了。哈克便认为它的四个伙伴已经被海龟吃掉了，于是便哭着去向尼莫探长报案，探长立刻命阿笠把海龟杰里带来。

　　"哈克，你说杰里吃了你的四个伙伴，那你有什么证据呢？"尼莫探长问。

　　"我……我亲眼所见，就是杰里！它一直捉着我呢！"螳螂虾说。

　　"什么？亲眼所见……我……"杰里气恼地说不出话来。

　　"那么，说说你都见到了什么呢？"海豚探长问。

　　"我……我看见一股海浪冲来，杰里张大嘴巴……张大嘴巴，一口吃掉了莉莉、洋洋、嘟嘟，还有漠漠！"

　　"撒谎！"尼莫探长严肃地说，"海龟的嘴巴哪有那么大，它不可能一口吞下几条鱼的。"

　　哈克的脸一下子红了，它小声地辩解道："可是，当时杰里也在场，不是它干的，还能是谁？"

　　"杰里，事发时，你真的在现场吗？"尼莫探长问。

　　"是的，我确实是在现场呢！"海龟杰里点点头。

　　"那么，请你说说当时的情况。"

　　"我在和洋洋它们开玩笑，忽然觉得一股水浪排来，身边的海水都在震动，接着我被冲到了珊瑚礁上。"海龟很不好意思地缩了缩脖子，又说，"探长，你也知道，我向来胆小……当时，眼睛一闭，脑袋一缩，就什么也看不见了。"

　　"嗯，是这样吗？看来……"尼莫探长的话还没说完，哈克又插嘴道："探长，我想起来了，一定是虎鲸。它几天前就盯上洋洋了，我看得清清楚楚！"

　　"你又撒谎了！"尼莫探长叹了口气，"虎鲸那么大，你那么小，怎么可能看得清清楚楚？"

　　哈克又羞得红脸了，杰里一个劲儿嘲笑它不老实。

　　"不是虎鲸，是鲨鱼，我才看得清清楚楚！"突然，一个声音传来，大家回头一看是飞鱼漠漠。它居然还活着，哈克顿时又惊又喜。

　　海龟又嘲笑说："呵，你也是撒谎吧！鲨鱼的体型那么大，你能看得清楚吗？你能从它嘴里逃脱吗？"

　　"探长，你相信我吗？"漠漠扭头望着尼莫。

　　"嗯，我相信你是绝对不会看错的！"尼莫探长认真地说。

　　海龟杰里听了，一时摸不着头脑。小朋友，你相信小飞鱼漠漠说的话吗？凶手真的是鲨鱼吗？

大眼睛侦探

1. 侦探思路

● 比目鱼、飞鱼、蝴蝶鱼等，它们为什么害怕海龟？

● 为什么尼莫探长判断哈克在撒谎？

● 为什么海龟杰里不是行凶者？

2. 罪犯曝光台

鲨鱼就是真正的凶手，它不但能一口吞下好多鱼，甚至可以把小鲸鱼吸进肚子里。而飞鱼之所以能逃生，并看清鲨鱼的真面目，是因为它在危急情况下，可以迅速冲出水面，靠尾巴的冲力"飞"在空中十余米，而且可以不停地腾空飞跃。因此，当它在高空时，便看清了鲨鱼行凶的过程。

大百科·小·看台

1. 明星T台秀

飞鱼，形体像一只梭子，飞跃时能在海面上空停留四十余秒，并划出一道优美的抛物线。飞鱼好像长了一对万能的"翅膀"，其实不然，那不是"翅膀"，只不过是大胸鳍而已，它们从胸部一直延伸到了尾部，远远看去，就像鸟翅一样。

2. 隐私大爆料

飞翔的绝技

飞鱼身怀绝技，能以每秒十米的速度，在海面上飞跃。它们时隐时现，破浪行进，看起来很优美很壮丽。可是，大多数情况下，它们飞跃都不是为了游玩，而且在躲避金枪鱼、虎鲸等大鱼的捕食。更可怜的是，它们以为身子脱离了水面就安全了，其实不然，海面上有好多凶猛的海鸟正等着它们出水呢！

罪恶的帮凶

这天中午，小神仙鱼美美和妈妈一起在海底游玩。它们游着游着，忽然，前方出现了一朵艳丽的黄色花朵，那长长的花瓣在水中摆动着，很是诱人。美美看见了，就要上前去摆动花朵。

"别过去，孩子，那里危险！"神仙鱼妈妈赶紧拦住自己的孩子。

"为什么？"美美歪着脑袋，一副不相信的样子。

"那朵花会把你吃掉的，快走吧。"神仙鱼妈妈不多解释，催促着美美离开。

美美恋恋不舍地朝那朵黄花儿看了一眼，然后跟着妈妈继续向前游去。瞧，它一会儿在珊瑚洞里钻来钻去，一会儿又躲进海草里，和妈妈玩起捉迷藏，看上去很开心。

临近傍晚，神仙鱼妈妈带着美美回家了，可是美美还没有玩够，一直嚷嚷着要出去找蝶鱼媛媛玩。神仙鱼妈妈拗不过，就答应了美美的要求，并再三叮嘱道："孩子，千万别靠近那些艳丽的花朵，它们可不是好惹的东西。记住了，天黑前一定要回来。"

美美郑重其事地点点头，接着一转身就钻进了珊瑚洞里。神仙鱼妈妈追过去，还想再叮咛几句，可美美早溜得不见踪影了。

不久，天完全黑了，美美还没有回家，神仙鱼妈妈着急了，它慌慌张张地赶往小蝶鱼媛媛的家。可是，美美并没有去找媛媛玩。咦，它到底去了哪里呢？忽然，神仙鱼妈妈想起了什么，于是匆匆游向中午看到黄花的地方。

然而，那里空荡荡的，别说是花朵了，连一棵海草都看不到。神仙鱼妈妈心里顿时涌起一种不祥的预感，它越想越害怕，忍不住哭了起来。正好尼莫探长和它的助手阿笠从这里经过，看到这幅情景，就关心地询问了几句。神仙鱼妈妈抽抽嗒嗒地把孩子失踪的事说了一遍。

"阿笠，你快去附近调查一下，看看傍晚有没有人遇见过小神仙鱼。"探长听完，立即吩咐道。

阿笠领了命令，一刻也不敢耽搁，摆动着尾巴飞快地游走了。神仙鱼妈妈还在担忧地哭泣，探长好言安慰着。不一会儿，阿笠就调查清楚了：据海龟菲比回忆，有一条鱼带走了小神仙鱼，那条鱼儿身上红白相间，在海洋中很是显眼。

"红白相间的身子……啊，一定是小丑鱼凡凡。"尼莫探长立即想到。

　　随后，探长、阿笠和神仙鱼妈妈马不停蹄地赶到凡凡家。凡凡一看到探长，神色就有些慌张，眼睛不时地瞟向一旁的珊瑚洞。

　　"凡凡，你今天傍晚在什么地方？和谁在一起？"探长问道。

　　"我就在家待着呀，哪儿都没去。"凡凡故作镇定地说道。

　　"你撒谎，有动物看见你和小神仙鱼在一起了。快说，小神仙鱼现在在哪里？"探长厉声说道。

　　"我不认识什么小神仙鱼。"凡凡结结巴巴地说道，眼睛又瞟了珊瑚洞一下。

　　这时，探长意识到了什么，它飞快地冲到珊瑚洞后边，发现了已经失去知觉的美美。但是，就在它准备抱起美美时，一朵黄色的花忽然伸着触手，准备偷袭它。好在阿笠反应快，扑上去狠狠地咬了"触手"一口。原来，那根本就不是什么花儿，而是一种凶残的动物，名叫海葵。神仙鱼妈妈也冲了进来，紧紧地护着自己的孩子。

　　"哼，凡凡，你和黄海葵狼狈为奸，想谋害小神仙鱼，看海洋法官到时候怎么治你们的罪。"探长说道。

　　小丑鱼凡凡听了这话，吓得浑身直哆嗦。黄海葵也耷拉着脑袋，再也不敢有嚣张的动作。

大眼睛侦探

1. 侦探思路

● 小神仙鱼美美为什么会失去知觉？凶手是谁？

● 小丑鱼凡凡和黄海葵是怎样互相勾结的？

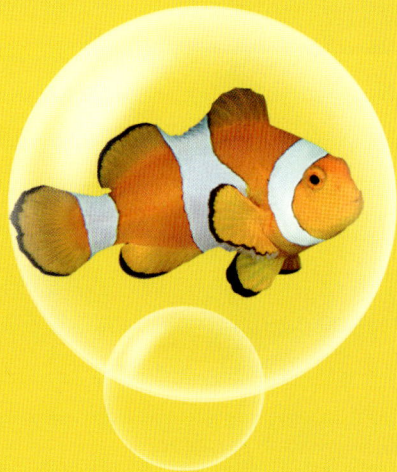

2. 罪犯曝光台

弄晕美美的凶手是海葵，因为它的触手上有很多毒刺，其他鱼类一旦被毒刺刺到，就会立即失去反抗能力，乖乖地成为海葵的俘虏。而小丑鱼就是它的帮凶，经常替它引诱猎物。所以那天傍晚，美美在找朋友玩耍时，被狡猾的凡凡骗到了海葵身边，差点遭到毒手。还好探长及时赶到，才阻止了这场可怕的阴谋。

大百科·小·看台

1. 明星T台秀

　　小丑鱼的身子娇小，身体的颜色非常艳丽，多为红色、橘红色。不过，它们的脸上、身上有白色的条纹，好似京剧中的丑角，所以才得到这么个名字。小丑鱼喜欢过群体生活，一个家族常常有几十个成员呢。

2. 隐私大爆料

默契的搭档

　　小丑鱼常常在海葵的触手里嬉戏，尽管那上面布满了毒刺，可是它一点也不害怕，因为小丑鱼的身上会分泌一种粘液，可以防止被海葵刺伤。由于小丑鱼的体色十分艳丽，常常受到其他大鱼的欺负，所以它便躲在海葵的触手中，还可以为海葵起到诱饵的作用呢！此外，它会为海葵清除身上的细菌和寄生虫，可算是海葵的私人医生哩！

水母的不幸遭遇

　　清晨，太阳刚刚从海面露出头，金黄色的光芒让湛蓝的大海更加耀眼。一只只美丽的海鸥愉快地拍着翅膀，从海面一掠而过，不远处，一群海豚正在水面上追逐嬉戏，身边溅起了一串串晶莹剔透的水珠。

　　这时，一只叫欣欣的水母慢慢地浮出水面，乍看上去，它就像一把撑开的伞，非常可爱。有只海豚看见了欣欣，高兴地叫了一声，但欣欣没有搭理它，只是静静地待在那里，观赏着日出的景色。于是，那只海豚悄悄地溜过去，然后瞅准机会，用力拍打尾巴，将毫无防备的欣欣"踢"出了海面。

　　"哈哈哈……"其他海豚看到这幅场景，都开心得不得了。

　　"扑嗵"的一声，欣欣重重地落在附近的水面上。半天后，它才缓过神来。无缘无故遭到海豚的欺辱，欣欣气得不停舞动自己的触手。可是，那只海豚却不以为然，一句道歉的话都没有。

　　"等着瞧，我会要你好看的。"欣欣气呼呼地说。

　　接着，它趁海豚不注意，直直地冲过去，用细长的触手在那只海豚身上击打了一下。顿时，那只海豚就无法动弹了。原来，欣欣的触手上有毒，等到其他海豚赶过来时，欣欣早就收起自己的"伞"，沉入了海底。这时，不远处，一只海龟趁着大家没注意，悄悄地跟了上去，一直与欣欣保持一定的距离。

　　第二天，小牧鱼落落去找欣欣玩时，无意中发现了一只残缺的触手。它立刻认出那是欣欣的残肢，于是它吓得赶紧向海洋警察局报了案。

　　尼莫探长和阿笠接到报案后，马上封锁现场，然后在四周仔细搜查线索，很快，它们又找到了一只截断了的水母触手。

　　"凶手实在太残忍了，我们一定要把它揪出来，以免其他居民受到伤害。"阿笠恨恨地说道。

　　"可是，谁都知道水母的触手有毒，怎么还敢去惹它呢？"尼莫探长若有所思地说。

　　就在这时，小磷虾聪聪送来一份情报，它说昨天看到欣欣和海豚之间发生了不愉快，有只海豚被欣欣蜇伤了，也许是海豚们怀恨在心，因此伺机将水母杀了。

尼莫探长让阿笠去找来那只海豚，问明昨天的情况。那只海豚得知欣欣死了，显得非常惊讶，当它意识到自己成为凶案的嫌疑人时，委屈地说："谁都知道，欣欣身上的毒刺太厉害了。昨天，我被它蛰伤后，身子就不大灵活了，所以，就一直在家休息，根本就不可能去杀它。再说，我也没那么大力气将它的触手都弄断呀。"

　　海豚的说法有理有据，那么，凶手会是谁呢？

　　"撕裂的触手、毒刺……"尼莫探长喃喃地说道。忽然，它灵机一动，想到了水母的天敌——海龟。据说，海龟经常会残忍地将水母的身子撕碎。小朋友，你觉得探长的推断正确吗？

39

大眼睛侦探

1. 侦探思路

● 杀害水母的凶手真的是海龟吗？

● 为什么海龟不怕水母的触手呢？

● 你知道水母还有什么特殊的本领吗？

2. 罪犯曝光台

　　探长的判断是正确的，杀害水母的凶手正是海龟。原来，海龟是水母的天敌，它们可以在水母群中自由穿梭，并且能轻而易举地用嘴扯断水母的触手，而水母失去了抵抗能力，只能沦为海龟的美餐。

大百科·小·看台

1. 明星 T 台秀

水母是一种低等的腔肠动物，大概出现在 6.5 亿年前，比恐龙要早得多。全世界大概有 250 多种水母，直径从 10 厘米到 100 厘米之间不等，它们形态各异，颜色多样，分布在海洋的各个角落。人们往往根据水母的伞状的不同来分类：有的伞状体发银光，叫银水母；有的伞状体则像和尚的帽子，就叫僧帽水母；有的伞状体仿佛是船上的白帆，叫帆水母；有的宛如雨伞，叫做雨伞水母；有的伞状体上闪耀着彩霞的光芒，叫做霞水母。不过，水母的寿命不长，最多活几个星期，也有活到一岁左右的，生活在深海的水母寿命会稍微长些。

2. 隐私大爆料

预测风暴的"耳朵"

水母有一个特殊的本领——能听到次声波。瞧，它漂浮在水面上，看上去很像是一把撑开的伞，在"伞"缘上，伸展着很多触手，还有一个细柄，上面长满小球，这就是水母的"耳朵"。正因为这特殊的器官，使得它在风暴来临之前的十几个小时就能够得到信息。而当水母遇到敌害或者预感到大风暴快来的时候，就会自动将气放掉，沉入海底。海面平静后，它只需几分钟就可以生产出气体让自己膨胀并漂浮起来。

探长——尼莫，一只帅气十足的海豚。它全身浅灰色，身体呈流线型，嘴巴尖尖的，眼睛较小，但十分敏锐。它聪明睿智，本领超群，不过偶尔也会犯糊涂。此外，它还懂得人类的一些语言哩。

　　性格特点：尼莫探长的样子温顺可亲，平易近人，十分擅长与各类动物打交道。而且，它常常有出人意料的点子，断案能力非常强，因此很受海洋居民的尊重。

　　助手——阿笠，一只长相奇特的飞鱼。它的胸鳍特别发达，就像鸟类的翅膀一样，整个身体像织布的"长梭"，因此行动速度非常快。

　　性格特点：阿笠的观察力很强，而且，它做事热心，反应灵敏，是尼莫探长最得力的助手。不过，它的缺点就是容易冲动，有时候行事莽撞。但同样受海洋居民的喜爱。

目录

下

深海遇袭疑案

　　黄昏时分，一个叫果果的小带鱼出现在大海中，它一会儿向前冲去，一会儿又上下窜动，显得十分快活。当然喽，今天是它的生日，妈妈送给它一串美丽的珍珠项链，所以它戴着自己的礼物去向小伙伴们炫耀了一天，别提有多开心了。不过，小家伙实在太贪玩了，这么晚了才想起来回家。

　　果果一边玩耍，一边哼着小曲。它游着游着，忽然看见前方有一把灰不溜秋的扇子，半埋在细沙里。它感到好奇，于是摆动身子游了过去。可是，它刚靠近那把扇子，就突然感觉浑身酥麻，接着眼前一黑，晕了过去。等果果睁开眼睛时，天色已经很晚了，它下意识的摸摸了脖子，发现那里空空如也，那串美丽的珍珠项链不知道被谁给摘走了。沙子里的那只扇子也不知道哪里去了，八成都是被小偷给顺手拿走了。

　　"呜呜，我的项链，呜呜……"果果伤心地哭起来。

　　"这不是果果吗？发生什么事了？你为什么坐在这里哭泣？"尼莫探长和助手阿笠正好从这里经过，看到果果在哭，于是关心地询问。

　　"项链，我的项链丢了，呜呜。"果果抽噎着说。

　　"别难过了，叔叔一定会帮你找回来的。你告诉叔叔，你是什么时候发现项链不见了的？"尼莫探长问道。

　　可是，果果抽抽搭搭，怎么也说不清楚，只是模模糊糊提到了"扇子"。探长见问不到什么线索，就和阿笠先送果果回家了。

　　第二天早上，海参妮妮、海马灰灰和比目鱼兰兰来找果果玩捉迷藏的游戏。果果虽然还在为项链丢了的事伤心，但经不住伙伴们再三劝解，便随它们一起出门玩耍了。

　　它们来到了一处珊瑚礁边玩捉迷藏，由果果负责找大家。于是，妮妮、灰灰和兰兰立即散开，然后在珊瑚礁里找地方躲起来。

　　"四、三、二、一。"果果闭着眼睛数完数，转身就跑向珊瑚礁。可是，它刚转过弯，就看见兰兰直挺挺地倒在沙地上，一动不动。在它旁边，还静静地躺着一把灰色的扇子。咦，这把扇子和昨晚上见到的那把竟然一模一样，它怎么会出现在这里呢？但果果来不及细想，它匆匆地冲到兰兰身边，急切地呼喊着兰兰的名字。

　　妮妮和灰灰听到果果的呼喊声，也赶紧跑了出来。它们以为兰兰死了，就围在一起伤心地哭泣。没想到，过了一会儿，兰兰竟然醒过来了。

　　"兰兰，怎么了？你是不是生病了？"妮妮关切地问。

　　"不是，是那个，那个扇子会'蜇'人。"兰兰哆哆嗦嗦地说，"我就碰了它一下，然后就没知觉了。"

　　这时，果果才想起那把扇子。但奇怪的是，那把扇子似乎自己长脚了，竟然不见了。果果觉得奇怪，于是和大伙商量一番，决定去向尼莫探长寻求答案。

　　尼莫探长听了它们的话，沉默了半天，问道："果果，你确定你刚才看到了昨天的那把扇子吗？你当时是不是也只是碰了一下它，然后就晕倒了？"

　　"是啊，很奇怪呢。"果果回答说。

　　"我知道了，"尼莫探长说道，"这肯定是电鳐干的好事！"

　　小朋友，你认为尼莫探长的判断正确吗？

3

1. 侦探思路

● 为什么果果和兰兰一靠近那把扇子，就会突然晕倒？

● 那把扇子为什么会自由移动？

2. 罪犯曝光台

果果和兰兰就是受到电鳐的袭击，才突然晕过去的。原来，它们看到的那把"扇子"，就是电鳐，电鳐的身体上带电呢，而且，它身上还有特殊的"绝缘"物质，因此不用担心会电到自己。那天晚上，果果不小心碰到电鳐，被电晕过去。电鳐看见它身上带着项链，一时起了歹心，便把项链偷去。第二天，兰兰在玩耍的时候，也是不小心碰到了电鳐，所以才被电倒在地。

大百科小·看台

1. 明星T台秀

电鳐的个头比较大，最大的个体长达2米呢。它全身灰不溜秋的，背腹又扁又平，头和胸部在一起，尾巴呈粗棒状。乍一看去，就像团扇。最奇特的是，在它的背侧面前方的中间，有一对小眼睛。在它的头胸部和腹面两侧，则各有一个发电器。

2. 隐私大爆料

放电的绝招

没错，电鳐的绝招就是放电。它一次可以放出50安的电流，电压高达60～80伏。因为在它的身上，有两个肾脏形蜂窝状的发电器。它们排列成六角柱体，叫"电板"柱。一条电鳐的身上就有2000个电板柱，200万块"电板"。这些电板之间充满胶质状的物质，可以起绝缘作用。而每个"电板"的表面则分布有神经末梢，一面为负电极，另一面为正电极，在神经脉冲的作用下，这两个放电器就会将神经能转变为电能，从而放出电来。

射水鱼的恶作剧

这天，弹涂鱼诺诺正浮在水面上透气，忽然，"砰"的一声，一颗水弹重重地击在它的身上。咦，下雨了吗？诺诺急忙摆动尾巴，准备潜入水中。可是，它抬头一看，奇怪，天空一片蔚蓝，天气格外晴朗，怎么可能有雨点呢。哦，难道有什么东西弹了我一下？诺诺疑惑地看了看四周，却什么也没发现，于是，它又放松身体，继续浮在水面上。

"砰！"又一颗水弹射过来，正中它的脑袋。"唉哟，好痛！"诺诺捂着脑袋，疼得在水里直蹦跶。这下，它可以确定有人在恶作剧了。诺诺气呼呼地四处寻找。海面上空荡荡的，没发现什么可疑的东西。这时，它又潜入水下，发现不远处有一群小鲭鱼正在珊瑚礁边玩耍。诺诺气急了，它以为是那些小鲭鱼在搞恶作剧，便怒气冲冲地游了过去。

"喂，臭小子们，快说，刚才是谁向我射的水弹？"诺诺生气地质问。

"你搞错了吧，我们根本就不懂得射水弹。"小鲭鱼们眨巴着眼睛，无辜地说道。

"肯定是你们干的，这里就只有你们在玩耍。"诺诺说着，就冲进鲭鱼群，准备教训这些小家伙。这时，海龟博士正好从这里经过，看到这副状况，便急忙上前拉架。

"怎么了，发生什么事了？"海龟博士问道。

"博士，你给评评理，刚才我正在水面上休息，结果这群小子竟然用水弹袭击我，打得我脑袋差点起包。"诺诺狠狠地瞪了小鲭鱼一眼。

"它冤枉人，我们一直在这里玩耍，根本就没招惹过它。"

"就是，就是，它胡说，我们根本就不懂得射水弹。"

小鲭鱼们七嘴八舌地解释道。海龟博士听了，就劝解诺诺说："诺诺，别生气了，我看这事也不像是小鲭鱼们干的。你快向它们道歉。"

诺诺才不愿意认错呢，它认为海龟博士在偏袒小鲭鱼们，于是恼怒地转身离开了。可是，它游了没多久，刚把脑袋伸出水面想透气，忽然，"砰"的一下，又一颗水弹正打在它的右眼上。

"哎哟，我的眼睛，我的眼睛看不见了。"诺诺捂着眼睛，疼得大哭小叫。

小鲭鱼们和海龟博士听到它的喊声，急忙游过来，然后七手八脚地把

6

它送进了附近的医院。还好诺诺的眼睛伤得较轻，并及时得到了救治。小鲭鱼们为诺诺打抱不平，于是找尼莫探长帮忙调查袭击诺诺的坏蛋。

尼莫探长和阿笠正在医院对诺诺录口供，射水鱼妈妈带着她的孩子——小射水鱼西西走了进来。

"尼莫探长，我的孩子不懂事，玩耍时伤到了诺诺，我是特地带它来认错的。"射水鱼妈妈诚恳地说道。

西西低着头，一副难过的样子。它心里暗暗发誓，以后再也不搞恶作剧去捉弄别人了。

大眼睛侦探

1. 侦探思路

● 诺诺为什么要浮出水面透气?

● 水弹到底是谁射出去的?

2. 罪犯曝光台

整起事件就是由射水鱼西西而起的。原来,它刚刚学会利用水弹捕食的本领,所以躲在水边,袭击水外的小昆虫。但是,它吃饱后,觉得没事干,就想寻找其他目标开开心。正好这时,弹涂鱼诺诺浮出水面透气,于是它暗暗朝诺诺射水弹,结果却误伤了诺诺的眼睛,差点酿下大祸。

疼死我了!

大百科小看台

1. 明星T台秀

射水鱼的性格十分活泼,它爱动,调皮,总是很快活。不过,它的个头不高,身长只有20厘米左右,长着一对水泡眼,眼白上有一条条不断转动的竖纹,背部平坦。当它在水面游动时,不仅能看到水面的东西,还能察觉到空中的物体哩。它既可以生活在淡水中,也能生活在咸水中,在印度洋到太平洋一带的热带沿海以及江河中,都会出现射水鱼的身影。

2. 隐私大爆料

水中的神射手

射水鱼的捕猎方式非常奇特,它们通常利用"水弹"捕食水面附近的苍蝇、蚊虫、蜘蛛、蛾子等小昆虫。喏,射水鱼的秘密武器就藏在嘴里。它需要用舌头抵住口腔顶部的一个特殊凹槽形成管道,就像玩具水枪的枪管一样。当鳃盖突然合上的时候,一道强劲的水柱就会沿着管道被推向前方,射程可达1米呢。在这时,舌尖就起到了活阀的作用,使射水鱼朝着正确的方向喷射水柱。要是第一次失败的话,射水鱼还会一试再试,它们可以连续发射几道水柱,然后再补充弹药,经过不断磨练,它们的捕食技能就会越来越娴熟。

花蛤遇难记

　　黄昏时分，海水涨潮了，花蛤明明随着潮水上到了岸边。它要去海滩上解决吃饭和上厕所的问题哩。只见它伸出胖乎乎的触角，在四周探查了一番，这才放心地向前移动。瞧，明明壳子上的斑纹可真漂亮，有直线的，还有交叉的，曲线的呢。这不，海龟瑞瑞就看上了它的壳子，想据为己有。于是，它悄悄的接近明明，一副不怀好意的样子。

　　"坏蛋，坏蛋。"海鸥刚好从这里路过，于是大声提醒明明。明明立即将双壳紧闭，并迅速地伸缩斧足，退回到海里，钻进洞穴中。瑞瑞见了，只得沮丧地离开。

　　过了一会儿，天色完全黑了，明明从洞中探出头来，直到确定外面没危险了，才小心翼翼地从洞穴里爬了出来。然而，它做梦也没有想到，一只叫康康的海星却盯上了它，悄悄地跟在它身后。

　　明明慢慢悠悠地爬上了岸边。吃饱喝足后，它便躺在岩石边休息。这时，等候多时的海星康康从海水里冒出头，然后偷偷地接近岩石。它不动声色地游动着，很快就来到了岩石的另一边。接着，它趁明明没防备，飞快地冲上去，用腕紧紧地抱住它。

　　明明吓得直呼救命。可是天这么完了，大家早都睡着了，恐怕没人听到它的呼救声。慢慢地，明明绝望了，身上的贝壳就松懈了下来。康康迫不及待地将腕伸进壳里，想要将明明撕扯出来。忽然，"砰"的一声，花蛤壳又闭上了。康康的一只腕竟被切断了。

　　康康恼怒极了，它忍着疼，更加用力地抱紧花蛤。没多久，明明便停止了挣扎，身上的壳子也随之打开了。可是，康康正要凑上去吃掉明明时，忽然，海上刮起了狂风，浪花狠狠地击打在岩石上，康康只得又被迫将明明松开。接着，它们便被海浪冲散开来。

　　几天后，明明的尸体出现在沙滩上。显然，它是被害死的。可是，它身上的壳子去哪里了呢？尼莫探长命阿笠在附近搜找。经过一天的打捞，阿笠终于在一处淡水区找到了明明的残壳，并在壳子里发现了一截腕。

　　"那似乎是海星康康的残肢。"尼莫探长研究了半天，终于得出了结论。

　　随后，它令阿笠将康康叫来审问。然而，令人诧异的是，康康的腕不但没有受伤，而且完好无损。奇怪，这是怎么回事呢？尼莫探长查了查资料，终于明白了其中的原因，于是下达了正式的逮捕令，将康康抓了起来。

　　小朋友们，你知道这其中的原因吗？

大眼睛侦探

1. 侦探思路

● 仔细想一想，海星看上去柔柔弱弱，为什么却能杀害花蛤呢？

● 为什么海星的腕是完好无损的呢？

● 你了解海星的习性吗？

2. 罪犯曝光台

别看海星平时里一副柔软的样子，趴在海底一动不动。其实，它是一种凶残的食肉动物。不过，它捕食的对象主要是一些行动较迟缓的海洋动物。比如花蛤，就常常被它用腕上的管足紧紧捉住，然后被它从胃袋里吐出的一种消化酶溶解掉，沦为美餐。需要说明的是，海星是再生动物，所以断了的腕能很快长出新的来。

大百科·小·看台

1. 明星 T 台秀

瞧，海星一动不动的趴在海底，就像镶嵌在海底的一颗彩色的星星，看上去漂亮极了。在它的腕部末端，分布着红色的眼点，这些眼点能感觉出光线，可以充当它的"眼睛"。海星的胃口很大，一只幼体海星一天吃的食物量相当于其本身重量的一半多。

2. 隐私大爆料

海星的秘密法宝——管足

在海星的身上，有许许多多软软的小管子类的东西，叫做管足。那可是它在海洋中生活的法宝。有了这些管足，它就可以感觉出水中食物的来源，而且，还能帮助它捕捉猎物，并将食物送进身体中间的嘴巴里。此外，这些管足还能让它稳稳地攀附在岩礁上呢。

令人惊异的再生能力

海星还有一个绝招——分身有术。如果把海星撕成几块抛进海中，每一片碎块会很快重新长出失去的部分，从而长成几个完整的新海星来。比如，沙海星只要保留1厘米长的腕，就能生长出一个完整的新海星。所以说，断臂缺肢对海星来说根本就是件无所谓的小事。

13

信天翁遇"鬼"记

夜晚，明月当空，海面上一片宁静，信天翁昭昭在大洋上空展翅翱翔。它时而飞高，时而飞低，看上去非常快乐。然而，就在这时，它看到下方的水面忽然蹿出一只怪物，黑压压的一片，比圆桌面还要大！

昭昭还没看清对方的真面目，只听"噗通"一声巨响，它已经落入水中，不见了。要不是海面上溅起的水花，昭昭真以为是自己眼花了。奇怪，刚才到底是什么东西呢？昭昭正纳闷时，那怪物又从海水中钻出，升上空中。

昭昭定睛一看，不由得吓了一大跳。那是什么怪物呀，身上竟然长着宽大的翅膀，整个身体是扁平的，身形很像一只大蝙蝠。最令人诧异的是，它的身后拖着一条长尾巴，头上还长着一对"角"。那怪物跃出水面后，竟然在空中"滑行"起来。那副情形看上去真是可怕，很容易让人联想到"魔鬼"。

"鬼……鬼呀！"昭昭禁不住惊呼一声。

昭昭这一喊，惊得那怪物立即仓惶落水，不再出现。昭昭惊魂未定，索性飞向附近的小岛，落在码头的一艘小船上，准备缓口气。这时，一片乌云飘来，遮住了月亮的脸，四周顿时陷入了黑暗之中。一想到刚才的一幕，昭昭就吓得倒吸一口冷气。它心想，还是尽快赶回家吧，留在这里太危险了，万一那怪物追过来，自己根本就招架不住。

想到这里，昭昭扑扇扑扇翅膀，笨重地向前走了几步，准备起飞。忽然，小船底部发出一阵"啪啪"的响声，紧接着又响起一阵"呼呼"的怪声，听上去令人更加惊恐不安。昭昭吓得两腿发软，甚至忘了逃跑。

不知过了多久，响声终于停止了。昭昭这才战战兢兢地从小船上探出头，左看看，右看看，直到确定周围没异常了，才松了一口气。随即，它抖了抖翅膀，急匆匆地离开了小船。

昭昭飞出去没多远，便贴着海面飞行，想借助于海浪，迎风上升。忽然，海面上又是一阵异常的响动，接着，一个小黑影从水里钻出来，"飞"过了昭昭的头顶，又钻进了水面。

"救命啊！鬼啊！"昭昭没命地飞了起来。可是，它越着急，飞得就越慢。

"昭昭，别跑啊，是我，阿笠呀。"一个声音在下方响起。

果然，刚才从海里窜出来的黑影是阿笠。谁都知道，阿笠是鱼类中最出色的"飞行员"，它的滑翔本领在海洋里可是数一数二的。

"昭昭，怎么了，发生什么事了？看把你吓的。"阿笠问道。

"我遇到鬼了。真的，它一直追我追到小船下，想吃掉我。还好我躲开了。"昭昭回答说。

"少吹牛了。要是真遇到鬼了，你能活着回来？"

"千真万确，它长着一对大翅膀，还有一对角，既能在水里游泳，还能在空中飞呢。"昭昭把刚才的经历讲给昭昭听。

"我不信，一定是你自己吓唬自己。"阿笠说。

可是，话音刚落，一团黑影从海里蹿出来，在月光下滑行了一段距离后，便砰的落入了水中。

"鬼呀！"阿笠和昭昭吓得抱头鼠窜。

阿笠回到警局后，又把刚才的经过向尼莫探长描述了一番。尼莫探长听了，告诉它那个神秘的"飞行者"不是什么魔鬼，可能是一种叫蝠鲼的鱼。

小朋友，你见过蝠鲼吗？你了解它的习性吗？

大眼睛侦探

1. 侦探思路

● 昭昭看到的怪物究竟是什么?

● 为什么那怪物会"飞行"呢?

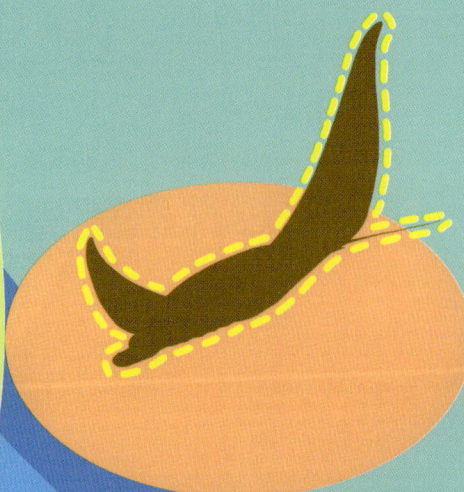

2. 罪犯曝光台

昭昭看到的"魔鬼"就是蝠鲼。它常常会钻出水面,在空中进行滑翔。不过,由于它长相怪异,看上去非常可怕,因此被人们称为"海中恶魔"。而昭昭在小船上听到的怪异响声,也是蝠鲼搞得恶作剧。原来,那只蝠鲼在钻出水面玩耍时,被昭昭的叫声吓到,于是便想捉弄一下昭昭。随后,它悄悄钻到昭昭休息的小船底部,用体翼敲打船底,发出响声,吓唬昭昭。阿笠后来看到的"鬼", 也是那只蝠鲼。

大百科·小·看台

1. 明星T台秀

蝠鲼的身体呈扁平状，胸鳍很强大，就像蝙蝠的翅膀。它的尾巴长长的，尾部有根锋利的毒棘。最奇特的是，它的头部有一对"角"，其实，那是它的鳍，可以当做"筷子"使用。当它捕食大鱼的时候，就会用这双筷子夹住鱼，送进自己的嘴里。不过，蝠鲼的牙齿细小，主要以浮游生物和小鱼为食。

"魔鬼鱼"的真实面目

蝠鲼虽然被称为"魔鬼鱼"，但它们其实很安静，很沉稳，而且喜欢独自在大海中畅游，过着四海为家的流浪生活。它们从不攻击其他海洋动物，也不会与同类争领地，更不会打架。在遇到潜水者时，它们常会羞涩地离开。偶尔也有些好奇心很强，会被氧气瓶呼出的气泡所吸引，游上前凑热闹。它们还喜欢被人类抚摸躯体哩。

2. 隐私大爆料

飞跃绝技

每次跃出海面前，蝠鲼需要做一系列准备工作：首先要在海中以旋转式的游姿上升，在接近海面的同时，转速和游速会不断加快，直至跃出水面。有时还会伴以漂亮的空翻呢。其飞跃的绝技令观者无不赞叹。

虎鲸之死

情报员海鸥在经过一处沙滩时，无意中发现了虎鲸贝恩的尸体，便立即通报给海洋警察局。很快，这则爆炸性消息就被四散传开，并在海洋里掀起轩然大波。这几天，无论走到哪里都能听到大家在议论贝恩的事情。但是，似乎没有谁对贝恩的死感到惋惜，因为它是海洋中最霸道最蛮不讲理的一位，许多居民都对它颇有怨言。

不管怎样，贝恩的死因至今不明，已经为海洋拉响了安全警钟。尼莫探长得到上级的指示，专门负责调查贝恩的案件。于是，它和助手阿笠四处奔走，寻找有价值的线索。它们首先拜访的是虎鲸的邻居——大白鲨森森。

"大白鲨先生，"尼莫探长说道，"你是贝恩的邻居，一定对它的情况比较了解。请问它以前都和什么动物结过怨呢？"

"它，哼，它的仇家多得数不过来。"森森用冰冷的语气说，"据我所知，它经常在海洋中乱杀其他的小动物，比如仅有三厘米长的蝴蝶鱼，还有几毫米大的小虾米，都曾惨死在它的口中。这还不算什么，它居然连吸盘鲨也敢欺负。"

尼莫探长和阿笠听了，无奈地耸耸肩。显然，贝恩生前得罪了不少居民。

"那你平时和它的关系处得怎样？"阿笠插嘴问道。

"说实话，我也讨厌它，我甚至觉得它的死是件大快人心的事。"森森说着说着，语气就激动起来，"不怕你们笑话，几周前，那个可恶的家伙搞恶作剧，竟然把我追赶到海岸边，害我差点搁浅死掉。所以，它现在的下场，也是罪有应得。"

"那么，大白鲨先生，你最后一次见到贝恩是在什么时间？"尼莫探长问道。

森森想了半天，说："三天前吧，我看到它和它的几个伙伴在追逐一群海豚。"

随后，尼莫探长和阿笠又去找贝恩的几个伙伴调查情况。它的几个伙伴却表示，那天追逐海豚时，由于突然出现了一艘轮船，所以大家都四散逃开了，之后再没有见过贝恩。

"会不会是人类杀死了贝恩？"阿笠推测道。

"我看不会，如果是人类干的，它们会把贝恩的尸体拉走。而且，在贝恩的尸体上，并没有发现任何伤痕。这才是破案的关键所在。"尼莫探长说道，接着，它又转身问其他几只虎鲸，"贝恩的身体状况怎么样？

23

　　"哼，不自量力，竟然想用刺扎我！"森森冷笑着说。紧接着，它一口将亮亮吞了下去。

　　晶晶吓呆了，一边哭着，一边奋力地游向警察局，向尼莫探长求助。尼莫探长大为震惊，立即马不停蹄地赶到了现场。结果，当它们赶到森森家时，却发现森森浑身是血地躺在那里，而亮亮竟好端端地站着。奇怪，怎么会这样呢？小朋友，你知道发生了什么事情吗？

大眼睛侦探

1. 侦探思路

● 晶晶为什么要钻进缝隙里?

● 亮亮明明被鲨鱼森森吞进肚子了,为什么最后却是好端端的呢?

2. 罪犯曝光台

鲨鱼一口吞下刺鲀亮亮,本以为自己可以美餐一顿,殊不知,亮亮一入鲨鱼的肚子,就像孙悟空进入铁扇公主的肚子里一样,绝不会安宁下来。它将全身的棘刺怒张开来,然后在鲨鱼肚子里翻滚撕咬,为自己冲出一条血路。

大百科·小看台

1. 明星T台秀

　　刺鲀体长一般为 10 ~ 20 厘米，身上带有棕色或黄色的条纹，并且有短而硬的刺作防护。它的牙齿是类似鸟喙的结构，背鳍和臀鳍相对，位于身体的后部，都比较短小。它喜欢在热带海藻和珊瑚礁附近生活，是肉食性动物，以坚硬的珊瑚、贝类、虾、蟹等为食。

2. 隐私大爆料

练气功的大师

　　刺鲀的身子比较小，全身长满棘刺，平时，它身上的硬刺平贴在身上，看起来与别的鱼没有太大的区别，但是，当它遇到敌人时，就会立即大口吞进海水，强大的水压使全身胀大 2 ~ 3 倍，倒下的硬刺也竖立起来，形成一个大刺球，让敌人无法下口。等到险情解除，它就把吞进去的海水和空气再吐出来，荆棘林立的球形身体很快就瘪下去，恢复了原样。

怪异的"闪光"

在海底最深处，有一片禁地，据说那里遍布沉船的残骸，看上去阴森恐怖，因此鱼儿们从来都不敢靠近。

一天，水母莉莉、龙虾齐齐、珊瑚虫滴滴和海参妮妮，还有比目鱼壮壮一起在海藻间玩耍。它们无意中提到了这个地方。

"听说那里闹鬼哩，到了晚上，就会传出可怕的哭声来。"壮壮神秘兮兮地压低声音。

"对，我还听说那里有鬼火出现呢。"妮妮说道。

"鬼长什么样子呢？鬼火好看吗？"莉莉好奇地问。

"我想，鬼一定长着像鲨鱼一样的牙齿，样子十分凶恶。"妮妮回答道。

"鬼的游动速度一定非常快，比人类的轮船还快。"滴滴说道。

它们几个越说越觉得兴奋，于是，壮壮提议，大家晚上一起去那里探险。如果行动成功的话，它们就是海洋里的勇士了。其他几个小伙伴也都点头附和，只有胆小的滴滴摇摇头，不敢去冒险。

"如果被吃鬼掉了，怎么办？"它害怕地说。

"不会的，我会放出毒汁对付鬼的。"妮妮说。

最后，在大家的劝说下，滴滴只得点头答应了。很快，到了晚上，海底静悄悄的，四处一片黑暗，大多数居民都已经沉浸在梦乡中。壮壮和几个小伙伴却悄悄地向禁地游去。

在离禁地还有一段距离时，黑漆漆的海水中突然出现了许多幽暗的蓝绿色光点。那些光点忽明忽暗，看上去非常诡异。滴滴吓得浑身发抖，说什么也不肯再向前移动了。

"哼，胆小鬼。"壮壮不屑一顾地说。于是，它大摇大摆地游了过去。然而，它刚刚游动了几步，那些亮点便突然移动起来，并渐渐聚集在一起，形成了一个巨大的亮球。

"鬼呀。"壮壮吓得转身就逃。

妮妮和几个小家伙也吓得落荒而逃。回到熟悉的海域中，几个小伙伴仍然惊魂未定，这时，莉莉忽然大喊："糟了，滴滴不见了。它一定被鬼吃了。"

这下，壮壮几个吓坏了。它们赶紧敲响尼莫探长的家门，向它说明情况，请它一起去禁

地寻找滴滴。

　　不久，尼莫探长和壮壮它们来到了禁地。那些黄绿色光点还聚集在一起，一闪一闪的，妮妮吓得躲在尼莫探长身后。尼莫探长看到那些光点一闪一闪，立刻恍然大悟，只听它大声喊道："闪光鱼先生们，别在这里装神弄鬼了，快把小珊瑚虫交出来吧。"

　　话音刚落，亮点便倏地散开，滴滴跌跌撞撞地从中间跑了出来。接着，亮点就相继散开，并很快熄灭了。小朋友，你明白"鬼"的真实身份了吗？

27

大眼睛侦探

1．侦探思路

● 妮妮它们为什么要去海洋禁地？

● 滴滴为什么会突然不见？

2．罪犯曝光台

　　传言中的鬼火，其实就是闪光鱼身上发出的光。原来，在闪光鱼的眼睛下缘，有一个很大的新月形发光器，还有一层暗色的皮膜，附着在发光器的下面。皮膜一会儿上翻遮住了发光器官，一会儿又下拉，好似电灯开关一样，一亮一熄，闪耀出蓝绿色的光。不知情的人看了，就误以为是鬼火。

大百科·小·看台

1. 明星 T 台秀

　　闪光鱼的头部扁平，身长不过 10 厘米，主要出现在红海和印度洋一带。白天，它们通常藏在洞穴或者珊瑚礁中，只有在没有月光的夜晚才出来活动。在海洋动物和陆生动物中，闪光鱼的发光亮度是最漂亮的，因此有"壮观的夜鱼"之称。

2. 隐私大爆料

奇异的渔夫

　　闪光鱼有个外号，叫奇异的渔夫。有时候，闪光鱼家族的几十名甚至几百名成员一起出动，排成球形列队，当它们一齐拉下皮膜时，就好似悬挂在海水中的无数的明亮星星，组成了一个巨大的亮球。这样做，可以引诱许多小型甲壳动物和蠕虫作为自己的食物。当然，有时也会为自己找来不必要的麻烦，比如一些大型的凶猛鱼类。这时候，它们就会巧妙地拉上皮膜，海洋里顿时漆黑一团，然后它们便会趁机溜掉。

鲫鱼失踪案

　　一群鱼儿们厌倦了浅海里生活，想要到深海里去游玩。它们组成了一只浩浩荡荡的队伍，里面有鲫鱼皮皮，旗鱼思思，比目鱼兰兰等，一共有十二只。其中，思思是个热心肠，它自告奋勇地要保护大家的安全。

　　这群鱼儿在海里畅快地游着，它们预计，不到十天就可以游到深海里去了。可是，第一天下来，皮皮就拖后腿了。它远远地落在了后面，大家不时地停下来等着它。没想到，第二天，还是这样，大家都一副不耐烦的表情。皮皮觉得有点委屈，它已经用尽全身力气游了，可它还是最后一个。

　　到了晚上休息的时候，鱼儿们开始抱怨起来。

　　"明明是集体活动，怎么这么不自觉。"

　　"就是，我们每天都等它，这得耗费我们多少时间啊？"

　　皮皮红着脸对大家承诺，以后一定加快速度，大家才不说什么。它们累极了，纷纷趴在岩石上睡着了。就在它们熟睡时，一艘大轮船从远处驶来，螺旋桨搅动着海水，引起轻轻地的颤动，但这仍没有打扰到大家的美梦。

　　早晨起来，阳光照着海上，思思望着远处，张大了口，吸着水中的新鲜空气。

　　"大家都起来吧！"思思喊大家起来，"我们点个名准备游啦，再坚持上几天，我们就能到达深海了。"

　　"兰兰！"

　　"到！"

　　"皮皮！"没有应答，思思又喊了一声，"皮皮？"还是没有应答。

　　"一、二、三……"思思认真地数了数，"还差一个，皮皮怎么不见了。皮皮去哪里啦？"

　　"皮皮！皮皮！"大家着急地喊道。

　　"我们分头在附近找找，要是没有，我们就报案吧！"思思说道。

　　它们仔细地找了一圈，还是没找着，于是急忙来到这片海域的警察局里报案。尼莫探长听说了此事，不慌不忙地详细地记录下来，然后让它们等消息。尼莫探长向大家承诺，如果皮皮真的是在这里失踪的，一定会把它找出来。

　　等它们走后，尼莫探长拿起电话打给海洋博物学家海龟博士，问皮皮的脾气怎样等等。也许它是听了小伙伴的话，伤心了，自己走了也说不定。

　　博士耐心地给尼莫探长解释着，探长慢慢嘴角有了笑意。挂了电话，探长翻了翻了昨天船只过往的目录，它找出这些船长的名单，开始一一打电话。情况果然不出它所料。有一位船长告诉它，在自己的船底上发现一个陌生的家伙，可能就是皮皮。

　　探长如释重负地通知小伙伴们，告诉它们皮皮已经找到了。

　　"皮皮在哪里？"

　　"它现在已经到深海了。"

　　"不会吧，它是最慢的一个，就算是它昨晚不睡觉，也游不到深海里。"

　　"我已经联系过深海海洋的警局啦，它们说刚才有条小鲫鱼到了它们那里。"

　　"这是怎么回事呢？鲫鱼的游泳速度是最慢的，怎么一下子就游到深海里去呢？"

　　探长笑着给它们解释了这一切。

大眼睛侦探

1. 侦探思路

● 鲫鱼皮皮怎么会失踪?

● 为什么大家都抱怨皮皮呢?

2. 罪犯曝光台

鲫鱼没有失踪,它游泳的速度很慢,可身上有个吸盘。于是,它吸在了开往深海的船只上,船只把它带往深海里。

大百科小·看台

1. 明星 T 台秀

鮰鱼又称吸盘鱼、粘船鱼，还有个别名"天生旅行家"。鮰鱼是世界上最懒的鱼。它身体细长，一般体长 10～30 厘米，最长的能达到 1 米。前端平扁，向后渐尖，渐成圆柱状。它头稍小，背侧平扁。鮰鱼有两个背鳍，第一背鳍变成了吸盘。小鱼时尾鳍呈尖形，长成大鱼后渐变为叉状。广布世界热带、亚热带和温带海域，中国沿海均产。

2. 隐私大爆料

不挑食的好孩子

鮰鱼属于杂食性鱼，是个不挑食的好孩子。它们的主要食物是浮游生物和大鱼吃剩下的残渣，有时也捕食一些小鱼和无脊椎动物，像小虾、蚯蚓、幼螺、昆虫等。鮰鱼集体活动，喜欢在水草丰茂的地方觅食、产卵。遇到食物丰富的场所，它们也会停下来栖息一阵。

免费旅行家

鮰鱼游泳能力较差，生活在海洋里的鮰鱼，是典型的免费旅行家。鮰鱼的第一背鳍演变成一个吸盘，它利用这个吸盘吸附在某一物体上，挤出盘中的水，借大气和水的压力，就牢固地吸附在该物体的表面上了。它们就这样被带到海洋各处。当到达饵料丰富的海区，便脱离宿主，摄取食物。然后再吸附于新的宿主，继续向另外海区转移。

海宝石丢失谜案

　　这一段时间，海洋中正在举办一年一度的赛宝盛会，大家都带着各自的宝贝来到水族馆中展出。其中有一颗海宝石，只有黄豆般大小，但却异常美丽，因此被特意放置在展览厅中央，锁在玻璃橱里。

　　水族馆汇聚了这么多宝贝，馆长一点都不敢马虎，派了三条旗鱼，一条桃花鱼和一条比目鱼共五个保安日夜守候在馆里，确保宝物万无一失。

　　晚饭的时候，三条旗鱼出去吃饭了。当它们回来的时候，无意中看见桃花鱼军军正在和一个陌生的鱼儿接吻，看上去很亲热。但令人诧异的是，这个陌生的鱼不但和军军长得很像，而且也是条雄鱼。为什么军军会和同性接吻呢？三条旗鱼觉得奇怪，但又不好意思打扰它们，就到附近去转了转。

　　可是等它们回来的时候，却发现比目鱼壮壮焦急地在展览馆里转来转去，似乎是在找什么东西。而军军则一脸沮丧地坐在椅子上。

　　"发生什么事了？"其中一条旗鱼问道。

　　"出大事了，那颗海宝石不见了。"壮壮的声音里带着哭腔，"刚才，我去了一趟卫生间，回来就发现玻璃橱门被人打开，海宝石已经不翼而飞啦。而军军呢，晕倒在玻璃橱旁。所以，我就赶紧报了警。"

　　三条旗鱼听了，顿时面面相觑。没过多久，尼莫探长便和它的助手阿笠急匆匆地赶来了，馆长听到消息，也从家里赶了过来。

　　尼莫探长勘察完现场，便向五个保安询问道："你们今天有没有注意到有可疑的动物出现呢？"

　　"有，"壮壮回答，"晚饭的时候，我看到一条鱼鬼鬼祟祟地站在玻璃橱前，我注意了它很久，后来它就离开了，再也没出现过。哦，对了，它长得很像军军，起初我还以为就是军军呢。"

　　"我也见过那条鱼。它是和我长得很像，可我以前从来没见过它。我记得，那条鱼离开没多久，壮壮去上厕所，接着我就被人从后面打晕了。"军军回答说。

　　"你撒谎。"三条旗鱼忍不住了，齐声说，"我们明明看见你和那鱼很亲密，你还说你不认识它。哼，一定是你串通它偷走了项链，还故意晕倒，演戏给我们看。"

接着，旗鱼们把自己看到的情景详细地告诉给探长。军军在一旁急得有口难辩。这时，阿笠注意到玻璃橱上方的屋顶安置了一个摄像头，便提醒探长调出当天的监控录像，说不定能发现谁是真正的罪犯呢。

而后，水族馆馆长打开监控室，播放了当天的监控录像。果然，录像上清清楚楚地出现军军正在和陌生的鱼接吻的场面。

"看，它们的样子多亲密，肯定是同伙。"旗鱼们说道。

"冤枉啊！"军军的声音都带了哭腔。

"别着急下定论。"尼莫探长说道。

这时，录像上又出现了一条桃花鱼的身影。它悄悄地接近军军，用木棒将军军打晕，然后打开橱窗，用嘴含着海宝石，慌慌张张地逃了出去。

"阿笠，快去找人抓这条桃花鱼，千万别让它溜了。"尼莫探长说着，又转身对大家说："我相信这事和军军无关，你们误会它了。"

"既然军军不认识罪犯，为什么要和罪犯接吻呢？"旗鱼不服气地说，

小朋友，你知道这是为什么吗？

35

大眼睛侦探

1. 侦探思路

- 水族馆里共有多少个守卫呢?
- 旗鱼们回来后,为什么没有立即进去呢?
- 在本案中,桃花鱼军军和罪犯是同谋吗?

2. 罪犯曝光台

　　偷走海宝石的,的确是那条神秘的桃花鱼,军军也真的不认识它。原来,它们桃花鱼之间见面的时候,会以"接吻"表示礼节。因此,不论同性鱼还是异性鱼,不论是否相识,只要凑在一起,就会出现"接吻"动作,故而又被人们称为"接吻鱼"呢。看来,旗鱼们真的是误会军军了。

大百科小·看台

1. 明星T台秀

接吻鱼原产于印度尼西亚一带，它头大，身体宽厚，腹部微鼓，身体呈淡红色，在自然条件下能长到30厘米左右，人工饲养的多在几厘米。它游泳的动作缓慢，性情温顺，喜欢在水中各层活动。它们喜欢在温暖的水域，如果水温过低，它们的身体就会变得僵硬发白，直至死亡。

2. 隐私大爆料

天生的"清道夫"

接吻鱼经常啃食水草、藻类和青苔。接吻鱼在啃食箱底藻类和青苔时，常常头朝下，呈倒立状，看上去十分有趣。如果把它们放进水族箱里，能起到清洁箱壁的作用。尽管接吻鱼显得忙碌，但依旧不是良好的"清道夫"。因为海藻类不是它们的主食，接吻鱼食量很大，啃食藻类只占很小一部分，随着生长发育，它的排泄物也会大量增加，甚至比它"清扫"的脏物还多。

受伤的小比目鱼

比目鱼妈妈一大早跑到警察局来报案，它的孩子昨晚上不知被谁给刺伤了，早上起来一看，伤口已经肿的老高。

"快让法医给它检验一下伤口，别着急，大婶，你详细给我说说经过。"尼莫探长说道。

"昨晚，孩子吃得有点多了，我让它出去走走，结果好半天都没回来，我出去找了大半天，才看到它虚弱地躺在海底，"比目鱼妈妈说着，眼泪就下来了，"当时，我吓坏了，一看它皮肤都被刺破了，所以就赶紧揽着它回家，抹了点药膏，谁知道早上起来伤口就更严重了。呜呜，也不知道是谁这么狠心，竟然这样伤害我的孩子。"它几乎泣不成声了。

尼莫探长一边安慰着她，一边给法医打电话，让它去比目鱼家为小比目鱼验伤。

"检验结果出来啦，她身上有三条直线似的划痕。"法医告诉尼莫探长。

"你是在哪里发现孩子的？"尼莫探长又向比目鱼妈妈询问。

"离家不远的海底，平时会有许多小孩在这里玩的，所以她晚上出去我就没有多在意。"比目鱼妈妈回答道。由于它没有提供更多的线索，尼莫探长对此一筹莫展。

到底是谁伤了比目鱼呢？比目鱼背上的划痕看上去那么整齐，究竟是怎么回事？

尼莫探长分析了半天，都没有个头绪，它准备去现场周围转转，说不定能发现什么线索呢。

不久，尼莫探长游到了小比目鱼受伤的地方，它在一块岩石的转角处看见奇怪的一幕。一只雄刺鱼不停地扇着胸鳍，围绕着一个巢穴来回地转悠着。这是一个很精致的巢穴，中间略圆，长约两三厘米，呈透明状态。

看到这里，尼莫探长有点明白了。它走了过去，雄刺鱼一看是探长过来了，笑着和它打招呼："大神探，什么风把你吹到这里来了？"

"刺鱼兄弟，好久不见了。最近在忙什么呢？"尼莫探长不动声色地问。

"在照看孩子啊，它们刚出生，所以我得一步不离地守护着它们。"刺鱼说道。

　　"哦，比目鱼大婶的孩子昨晚上在这附近被人刺伤了，你有没有看见凶手的样子？"尼莫探长问道。

　　刺鱼的神色有些慌张，结结巴巴地说："没有，我什么也没看到，我一直呆在家里。"

　　"刺鱼兄弟，你说谎，明明是你刺伤它的。"尼莫探长严肃地说道。

　　"我……我不是故意的。"刺鱼涨红了脸。

　　小朋友，你知道刺鱼为什么要伤害小比目鱼吗？

39

大眼睛侦探

1. 侦探思路

- 伤害小比目鱼的凶手是谁?
- 你了解刺鱼的习性吗?

2. 罪犯曝光台

刺鱼非常疼爱自己的孩子,每天寸步不离地守护在鱼巢近旁,一旦有陌生鱼儿想接近,它就会毫不留情地用刺驱逐对方。昨天晚上,小比目鱼路过这里,想和刺鱼宝宝玩耍,却被护子心切的刺鱼爸爸刺伤。

大百科·小·看台

1. 明星 T 台秀

　　刺鱼的个头小小的，最大的也不过 15 厘米长。它们的家分布在北温带，在淡水海中就可以看到它们的身影。刺鱼最明显的特征是背鳍和腹鳍有刺，但没有鳞片，原来它们的鳞片已变形为像骨头般坚硬的鳞板，沿着侧线排成一列。刺鱼的身体细长窈窕，尾柄分外修长。在脊背上长 3 根刺的叫三刺鱼，长 9 根刺的叫九刺鱼，最多可长 15 根刺。我国只有三刺鱼和九刺鱼，它们的背部都长了一行刺，腹鳍上也有刺，尾巴细长，尾鳍呈方形，身上也没有鳞片，只有一些硬的甲片。

2. 隐私大爆料

海洋中的"野蛮"慈父

　　每年到了繁殖季节，雄刺鱼就会开始筑巢，等巢筑好后，雄鱼还会把自己打扮一番，它的体色会变得鲜艳起来，背部变成青色，腹部呈淡红色，眼睛也变成蓝色。雌鱼进巢后，产下两三粒卵就离开了，雄鱼才进巢。雌鱼产卵后就离开，这时，雄鱼会承担起照顾孩子的责任，它左右不离地在巢穴周围巡逻，随时清扫或加固巢穴，一旦有其他鱼类接近鱼巢，它就亮起刺针，将对方驱逐走。此外，雄刺鱼还会经常扇动胸鳍，让巢穴里的水来回交换，这样巢穴里氧气充分更有利于卵的孵化。

图书在版编目（ＣＩＰ）数据

趣味动物大侦探．海洋巡逻队．下 ／ 幸福猫儿童文
学工作室著．—济南：山东美术出版社，2011.5
　ISBN 978-7-5330-3434-4

　Ⅰ．①趣… Ⅱ．①幸… Ⅲ．①动物－儿童读物
Ⅳ．①Q95-49

　中国版本图书馆CIP数据核字（2011）第077648号

责任编辑：王　妍　张萌萌

主管部门：山东出版集团
出版发行：山东美术出版社
　　　　　济南市胜利大街39号（邮编：250001）
　　　　　http://www.sdmspub.com
　　　　　E-mail：sdmscbs@163.com
　　　　　电话：（0531）82098268　传真：（0531）82066185
　　　　　山东美术出版社发行部
　　　　　济南市胜利大街39号（邮编：250001）
　　　　　电话：（0531）86193019　86193028
制版印刷：山东临沂新华印刷物流集团有限责任公司
开　　本：889×1194毫米　20开　总印张4.4
版　　次：2011年5月第1版　2011年5月第1次印刷
总 定 价：29.80元（上、下册）